U0384939

大马警官

　　生肖小镇负责维持交通秩序的警察，机警敏锐。有一辆多功能警用摩托车，叫闪电车，能变出机械长臂进行救援。

喇叭鼠

　　生肖小镇玩具店的老板，也是交通安全志愿者，有一个神奇的喇叭，一吹就能出现画面。

图图

图图妈妈

编 委 会

主 编

刘　艳

编 委

李　君　朱建安

朱弘昊　丛浩哲

乔　靖　苗清青

交警叔叔阿姨送给小朋友的礼物！

图书在版编目(CIP)数据

小蛇去公园 / 葛冰著；赵喻非等绘；公安部道路交通安全研究中心主编 . – 北京：研究出版社，2023.7
（交通安全十二生肖系列）
ISBN 978-7-5199-1478-3

Ⅰ . ① 小… Ⅱ . ① 葛… ② 赵… ③ 公… Ⅲ . ① 交通运输安全 – 儿童读物 Ⅳ . ① X951-49

中国国家版本馆CIP数据核字(2023) 第078922号

◆ **特别鸣谢** ◆

湖南省公安厅交警总队

广东省公安厅交警总队

武汉市公安局交警支队

北京交通大学幼儿园

北京市丰台区蒲黄榆第一幼儿园

小蛇去公园（交通安全十二生肖系列）

出版发行：中国出版集团有限公司 研究出版社	策　划：公安部道路交通安全研究中心	
出 品 人：赵卜慧	银杏叶童书	
出版统筹：丁　波		

责任编辑：许宁霄	编辑统筹：文纪子
装帧设计：姜　楠	助理编辑：唐一丹

地址：北京市东城区灯市口大街100号华腾商务楼　　　　　　邮编：100006
电话：（010）64217619　64217652（发行中心）

开本：880毫米×1230毫米　1/24　　印张：18	字数：300千字
版次：2023年7月第1版	印次：2023年7月第1次印刷
印刷：北京博海升彩色印刷有限公司	经销：新华书店

ISBN　978-7-5199-1478-3　　　　　　　　　　定价：384.00元（全12册）

版权所有 • 侵权必究
凡购买本社图书，如有印制质量问题，我社负责调换。

交通安全十二生肖系列

公安部道路交通安全研究中心　主编

小蛇去公园

葛 冰 著　　木星插画 绘

中国出版集团有限公司
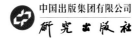
研究出版社

小蛇图图的妈妈是小镇上有名的建筑师，
镇上的中心花园就是她设计的。

这一天，图图和妈妈准备坐公共汽车去公园。马路上的车一辆接着一辆，热闹极了。

出租车

公共汽车站在马路对面。

看到指示牌，图图说："过马路要走过街天桥。"

8

妈妈问："过马路除了走过街天桥，还可以走哪里呢？"

"还可以走地下通道和斑马线！"图图回答说。

中心花园站到了。一下公共汽车，美丽的大公园就在眼前，孩子们兴奋地又蹦又跳。

中心花园

小猴闹闹看见马路对面的
中心花园，拔腿就要冲过去。

"啊，小心！"

一辆小车从马路上急速开过来，幸好小蛇图图拉住了小猴闹闹的衣服，真是太危险了！

中心花园

闹闹妈妈赶忙过来，一边安抚被吓哭的小猴闹闹，一边对图图说："真是太感谢你了。"

大马警官也赶了过来。

"过马路时，家长要带着孩子走过街天桥、地下通道或者斑马线。"大马警官说。

告别大马警官，两位妈妈带着宝宝
向地下通道走去。

中心花园又大又漂亮，孩子们别提多开心了！

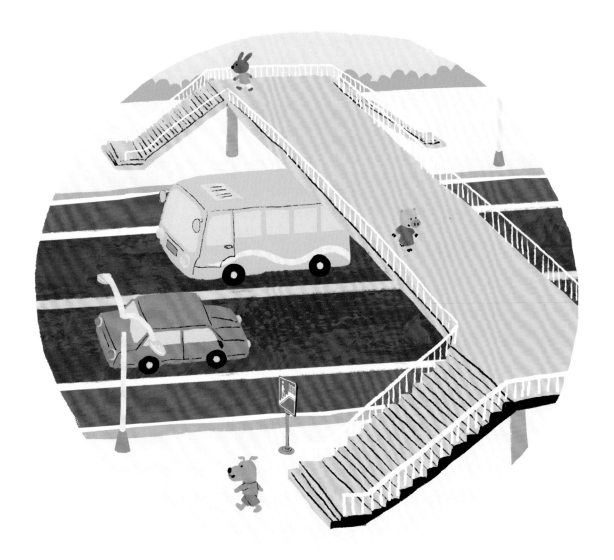

安全过马路

随意过街有危险，

车来车往难避免。

斑马线来帮助你，

天桥地道最安全。

小朋友们，过马路一定要走斑马线，过街天桥或者地下通道哟！

给家长的话

过马路要正确使用过街设施

　　家长朋友们，学龄前儿童出行必须要有监护人带领。当我们带着孩子过马路时，要走斑马线、过街天桥或者地下通道等过街设施。让我们以身作则，成为孩子安全文明出行的好榜样！

　　同时，也请提醒孩子，无论是看到道路对面熟悉的小朋友，还是新奇的事物，都不可贸然过马路。危险有时候就发生在一念之间，平安才是最近的距离。